Abdelhafid Mimouni

Na encruzilhada dos metais e da vida

Abdelhafid Mimouni

Na encruzilhada dos metais e da vida

ScienciaScripts

Imprint

Any brand names and product names mentioned in this book are subject to trademark, brand or patent protection and are trademarks or registered trademarks of their respective holders. The use of brand names, product names, common names, trade names, product descriptions etc. even without a particular marking in this work is in no way to be construed to mean that such names may be regarded as unrestricted in respect of trademark and brand protection legislation and could thus be used by anyone.

Cover image: www.ingimage.com

This book is a translation from the original published under ISBN 978-620-6-71533-7.

Publisher:
Sciencia Scripts
is a trademark of
Dodo Books Indian Ocean Ltd. and OmniScriptum S.R.L publishing group

120 High Road, East Finchley, London, N2 9ED, United Kingdom
Str. Armeneasca 28/1, office 1, Chisinau MD-2012, Republic of Moldova, Europe
Printed at: see last page
ISBN: 978-620-7-77300-8

NA ENCRUZILHADA DOS METAIS E DA VIDA

AUTOR

O Dr. Abdelhafid Mimouni é um investigador independente especializado na química de sistemas bioinorgânicos, com vasta experiência em síntese e caraterização macromolecular. Obteve o seu doutoramento em química pela Universidade de Paris XII em 1997 e um Diplôme des Etudes Approfondies des systèmes bioinorganiques pela Universidade de Paris XI em 1993.

RESUMO

Este livro oferece uma exploração aprofundada da química bioinorgânica, destacando o seu papel essencial na compreensão dos sistemas biológicos e no desenvolvimento de aplicações médicas e farmacêuticas. Abrangendo os princípios fundamentais da química inorgânica relevantes para a biologia, as aplicações dos metais na medicina, os avanços recentes e as perspectivas futuras, destaca a importância contínua deste domínio para a inovação científica e médica. Cada capítulo oferece exemplos concretos e referências relevantes, proporcionando uma panorâmica abrangente e estimulante da química bioinorgânica moderna.

ÍNDICE DE CONTEÚDOS

INTRODUÇÃO

A química bioinorgânica é um campo interdisciplinar interessante que estuda as interacções entre compostos inorgânicos e sistemas biológicos. Engloba o estudo dos metais e dos seus complexos, bem como das moléculas orgânicas envolvidas em processos biológicos essenciais. Neste livro, exploramos a importância da química bioinorgânica na compreensão dos mecanismos biológicos fundamentais e no desenvolvimento de novas aplicações médicas.A química bioinorgânica é de extrema importância nos sistemas biológicos, onde os metais desempenham um papel crucial numa multiplicidade de processos celulares. Os metais de transição, como o ferro, o zinco e o cobre, actuam como cofactores em enzimas e proteínas, catalisando reacções essenciais à vida. Os iões metálicos estão também envolvidos no transporte de nutrientes, na sinalização celular e na regulação metabólica. O objetivo deste livro é explorar em profundidade os princípios fundamentais da química bioinorgânica, com particular ênfase no papel dos metais nos sistemas biológicos. O objetivo deste livro é explorar em profundidade os princípios fundamentais da química bioinorgânica, com particular ênfase no papel dos metais nos sistemas biológicos. Também examinaremos as aplicações médicas e farmacêuticas da química bioinorgânica, particularmente no campo da terapia do cancro e da conceção de medicamentos. Neste contexto, um composto de grande interesse é a N-acetilcisteína (NAC), um derivado do aminoácido cisteína. A NAC é um poderoso antioxidante e um agente mucolítico muito utilizado em medicina. O seu papel na prevenção do stress oxidativo e no tratamento de várias doenças, nomeadamente respiratórias e hepáticas, faz dela um importante objeto de estudo no domínio da química bioinorgânica. Ao longo deste livro, exploraremos em pormenor as propriedades da NAC e as suas implicações para a saúde humana. Em resumo, este livro tem como objetivo fornecer uma visão abrangente da química bioinorgânica, destacando a importância dos metais e dos seus complexos nos sistemas biológicos. Esperamos que esta exploração enriqueça a compreensão dos leitores e estimule mais investigação neste domínio fascinante.

CAPÍTULO 1

NOÇÕES BÁSICAS DE QUÍMICA BIOINORGÂNICA

A química bioinorgânica fornece o pano de fundo para as interacções complexas entre compostos inorgânicos e sistemas biológicos. Este capítulo estabelece as bases, explorando em profundidade os princípios fundamentais da química inorgânica relevantes para esta disciplina dinâmica.

Princípios fundamentais da química inorgânica relevantes para os sistemas biológicos

A compreensão dos processos biológicos exige um conhecimento sólido dos conceitos da química inorgânica. Por exemplo, o estudo da estrutura atómica dos elementos é essencial para compreender a especificidade das interacções entre as biomoléculas e os iões metálicos. A capacidade do ferro para se ligar ao oxigénio é fundamental para o transporte deste elemento vital no sangue. Além disso, as propriedades periódicas dos elementos fornecem um quadro para compreender as variações no comportamento químico dos metais em ambientes biológicos. Por exemplo, a tendência dos metais alcalinos para formar catiões monovalentes é crucial para o seu papel na regulação do pH celular e na manutenção da homeostase iónica. Por último, as reacções químicas fundamentais, como os processos redox e a complexação, são omnipresentes nos sistemas biológicos. Um exemplo concreto é a fotossíntese, em que a conversão d a energia luminosa em energia química envolve processos como os processos redox que envolvem metais como o magnésio na clorofila.

Ligações químicas em complexos metálicos

Os complexos metálicos são actores-chave em muitos processos biológicos. Por exemplo, os centros activos das enzimas que contêm ferro, como a citocromo c oxidase, utilizam ligações covalentes e de coordenação para catalisar reacções redox que envolvem o transporte de electrões. No caso das enzimas à base de zinco, como a carboanidrase, a ligação zinco-ligante é crucial para catalisar reacções de hidratação do dióxido de carbono, uma etapa essencial na regulação do pH dos tecidos.

Principais classes de compostos inorgânicos biologicamente relevantes

Os metais de transição, com as suas propriedades de coordenação flexíveis, estão frequentemente envolvidos na catálise enzimática. Por exemplo, o sítio ativo da superóxido dismutase, uma enzima essencial para a defesa contra os radicais livres, contém um centro ativo de cobre e zinco que catalisa a dismutação do anião superóxido.

Os metais alcalinos e alcalino-terrosos são também cruciais para muitas funções biológicas. Por exemplo, o cálcio actua como um mensageiro intracelular na sinalização celular, regulando uma multiplicidade de processos celulares, incluindo a contração muscular e a secreção hormonal. Por último, os metalóides, como o selénio e o arsénio, estão integrados em determinadas proteínas e enzimas, como a glutationa peroxidase, onde desempenham um papel crucial na proteção contra os danos oxidativos.

CAPÍTULO 2

BIOQUÍMICA DOS METAIS

A bioquímica dos metais explora os múltiplos papéis que estes elementos desempenham nos sistemas biológicos, desde as funções catalíticas e estruturais até aos papéis reguladores vitais para a vida.

O papel dos metais nos sistemas biológicos

Os metais desempenham uma série de funções críticas nos sistemas biológicos. Por exemplo, o ferro é um componente essencial da hemoglobina, a proteína responsável pelo transporte de oxigénio no sangue. Cada molécula de hemoglobina contém um ião ferroso (Fe^{2+}) no centro do seu grupo heme, permitindo que o oxigénio se ligue aos glóbulos vermelhos para ser transportado para os tecidos. O cálcio desempenha um papel fundamental na estrutura óssea, formando complexos com o fosfato para formar a hidroxiapatite, uma substância que dá força e rigidez aos ossos. Além disso, o zinco actua como cofator em numerosas enzimas, como a carboanidrase, que catalisa a conversão do dióxido de carbono em bicarbonato para regular o pH sanguíneo e promover o transporte de dióxido de carbono.Finalmente, o magnésio actua como um ião essencial em muitas reacções enzimáticas, regulando a velocidade e a especificidade destes processos. Por exemplo, na reação de síntese do ATP (adenosina trifosfato), o magnésio é necessário para estabilizar a estrutura do substrato e facilitar a transferência de energia.

Metaloproteínas: estrutura e função

As metaloproteínas são proteínas que contêm iões metálicos na sua estrutura e desempenham papéis vitais em muitos processos biológicos. Um exemplo notável é a catalase, uma enzima presente nas células que catalisa a decomposição do peróxido de hidrogénio em água e oxigénio. O centro ativo da catalase contém um grupo heme com um ião ferroso (Fe^{2+}), que é crucial para a reação catalítica. Do mesmo modo, a ferritina é uma metaloproteína envolvida no armazenamento de ferro nas células. Forma um complexo proteína-ferro que permite que o ferro seja armazenado de forma solúvel e segura, pronto a ser libertado quando necessário para os processos biológicos.

Metaloenzimas: mecanismos catalíticos e reacções envolvidas

As metaloenzimas são enzimas que utilizam iões metálicos para catalisar reacções químicas específicas. Um exemplo emblemático é a fotossíntese, em que os metais desempenham um papel central na conversão da energia luminosa em energia química. Os centros activos dos complexos fotossintéticos contêm iões manganês e magnésio que facilitam a separação de cargas e a transferência de electrões, permitindo a produção de ATP e NADPH. Outro exemplo é a anidrase carbónica, uma enzima que catalisa a conversão reversível do dióxido de carbono em bicarbonato e protões. A anidrase carbónica contém um ião de zinco no seu sítio ativo, que estabiliza os reagentes e acelera a reação, facilitando o transporte de dióxido de carbono no sangue.

CAPÍTULO 3

ANTIOXIDANTES BIOLÓGICOS: N-ACETILCISTEÍNA E GLUTATIÃO

Os antioxidantes biológicos, como a N-acetilcisteína (NAC) e o glutatião, desempenham um papel crucial na proteção contra o stress oxidativo, um desequilíbrio entre a produção de radicais livres e a capacidade dos sistemas biológicos para os neutralizar. Este capítulo explora em pormenor os papéis, os mecanismos de ação e as aplicações médicas destes antioxidantes essenciais.

O papel do glutatião e da N-acetilcisteína na proteção contra o stress oxidativo

O glutatião (GSH) é um tripeptídeo que se encontra em grandes quantidades nas células, onde actua como um poderoso antioxidante e um cofator essencial para numerosas enzimas. A sua biossíntese inicia-se com a conjugação do glutamato, da cisteína e da glicina pela γ-glutamilcisteína sintetase (γ-GCS) para formar a γ-glutamilcisteína, que é depois convertida em GSH pela glutationa sintetase. A N-acetilcisteína (NAC) é um precursor da cisteína, um aminoácido essencial para a síntese do glutatião. A NAC é rapidamente metabolizada nas células, onde é hidrolisada para libertar cisteína. Esta cisteína é depois utilizada na biossíntese do glutatião, aumentando os níveis intracelulares de GSH. Além disso, a NAC actua como um dador de grupos tiol (-SH), oferecendo uma proteção direta contra os radicais livres e os danos oxidativos.

Mecanismos de ação dos antioxidantes nas células e nos tecidos

O glutatião e a N-acetilcisteína protegem as células e os tecidos contra os danos oxidativos, neutralizando os radicais livres e reciclando os antioxidantes oxidados. O glutatião neutraliza os radicais hidroxilo e os peróxidos lipídicos, formando com eles ligações dissulfureto (-S-S-), enquanto a NAC fornece grupos tiol (-SH) que reduzem as espécies reactivas. Para além da sua atividade antioxidante direta, o glutatião e a NAC regulam a expressão dos genes envolvidos na resposta ao stress oxidativo. Por exemplo, o glutatião ativa o fator de transcrição Nrf2 (fator 2 ligado ao fator nuclear eritroide 2), que induz a expressão de genes que codificam as enzimas antioxidantes e as proteínas de desintoxicação.

Aplicações médicas e terapêuticas da N-acetilcisteína e do glutatião

A N-acetilcisteína e o glutatião têm uma variedade de aplicações médicas devido às suas propriedades antioxidantes, anti-inflamatórias e mucolíticas. A NAC é amplamente utilizada no tratamento do envenenamento por paracetamol, aumentando a produção hepática de glutatião. A NAC é igualmente eficaz no tratamento de perturbações respiratórias, como a doença pulmonar obstrutiva crónica (DPOC), devido às suas propriedades mucolíticas, que favorecem a expetoração do muco. O glutatião tem também aplicações terapêuticas no tratamento das doenças neurodegenerativas, das doenças cardiovasculares e do cancro. Estudos demonstraram que níveis reduzidos de glutatião estão associados a muitas doenças crónicas, sublinhando a importância de manter um equilíbrio ótimo de glutatião para a saúde humana.

CAPÍTULO 4

TRANSPORTE E ARMAZENAGEM DE METAIS

O transporte e armazenamento de metais nos organismos são processos complexos e altamente regulados, essenciais para manter a homeostase dos metais e apoiar muitas funções biológicas. Este capítulo explora em profundidade os mecanismos de transporte, armazenamento e regulação de metais em células e organismos.

Transporte de metais nos organismos

Os metais são transportados através das membranas celulares por uma variedade de proteínas especializadas, incluindo transportadores e quelantes. Um exemplo recente é o transportador ZIP8, recentemente descoberto, que está envolvido no transporte de zinco através da membrana plasmática e na regulação da concentração intracelular de zinco. O ZIP8 desempenha um papel crucial em numerosos processos biológicos, como o crescimento celular, a sinalização e a homeostase do zinco. Além disso, os quelantes, como a metalotioneína, são proteínas ricas em cisteína que se ligam a metais e os transportam através das membranas celulares. A metalotioneína protege as células contra os efeitos tóxicos dos metais pesados e regula as concentrações intracelulares de zinco, cobre e outros metais essenciais.

Mecanismos de armazenamento de metais nas células

Os metais são armazenados nas células sob a forma de complexos com proteínas de armazenamento específicas ou sob a forma de grânulos intracelulares. Um exemplo inovador é a ferritina, uma proteína de armazenamento de ferro que forma complexos com o ferro e o armazena como ferricidade (Fe^{3+}) nas células. As ferritinas desempenham um papel crucial na regulação da concentração intracelular de ferro e na proteção contra o stress oxidativo.

Para além disso, as células podem armazenar metais sob a forma de grânulos intracelulares, como é o caso do zinco, que é armazenado sob a forma de grânulos de zinco nas vesículas lisossomais. Estes grânulos de zinco actuam como armazéns de zinco, fornecendo um fornecimento constante de zinco para os processos biológicos quando necessário.

Homeostase dos metais: regulação das concentrações de metais nas células e nos organismos

A homeostase dos metais é mantida por um equilíbrio delicado entre os processos de transporte, armazenamento e eliminação dos metais. Exemplos recentes mostram que as disfunções nestes processos podem conduzir a doenças graves, como a doença de Wilson, caracterizada por uma acumulação excessiva de cobre nos tecidos. Os organismos desenvolveram mecanismos sofisticados para regular as concentrações de metais nas células e nos tecidos. Um exemplo são as proteínas metalotioneínas, cuja expressão é regulada pelos níveis intracelulares de metais e por factores de stress ambiental. Estas proteínas actuam como sensores de metais, ajustando a concentração intracelular de metais para manter a homeostasia.

CAPÍTULO 5

TOXICOLOGIA DOS METAIS

A toxicologia dos metais estuda os efeitos adversos dos metais na saúde humana e no ambiente, bem como os mecanismos subjacentes à sua toxicidade. Este capítulo explora as fontes de exposição aos metais tóxicos, os mecanismos de toxicidade associados e as consequências para a saúde humana e o ambiente.

Fontes de exposição a metais tóxicos

As fontes de exposição a metais tóxicos são variadas e omnipresentes no nosso ambiente. As principais fontes incluem as emissões industriais, os resíduos tóxicos, os pesticidas, os produtos de consumo (como os cosméticos e os brinquedos) e a água e os alimentos contaminados. Por exemplo, o chumbo está frequentemente presente em tintas velhas, canos de chumbo e solos contaminados por actividades industriais.

Mecanismos de toxicidade dos metais

Os metais tóxicos exercem o seu efeito nocivo perturbando os processos celulares vitais através de uma série de mecanismos, incluindo:

• Interação com proteínas: Os metais tóxicos podem ligar-se a proteínas celulares, perturbando a sua estrutura e função. Por exemplo, o mercúrio pode ligar-se a proteínas sulfidriladas, inibindo enzimas essenciais.

• Geração de radicais livres: Certos metais tóxicos, como o chumbo e o cádmio, podem induzir a formação de radicais livres, levando a danos oxidativos nas membranas celulares, no ADN e nas proteínas.

• Perturbação dos processos celulares: Os metais tóxicos podem perturbar os processos celulares, interferindo com o transporte de nutrientes, alterando o metabolismo celular e perturbando as vias de sinalização celular.

Consequências para a saúde humana e ambiental

As consequências da exposição a metais tóxicos para a saúde humana são graves e variadas. Os efeitos a curto prazo podem incluir sintomas gastrointestinais, perturbações neurológicas, lesões renais e hepáticas, enquanto os efeitos a longo prazo podem incluir cancro, doenças cardiovasculares, perturbações neurológicas crónicas e alterações do desenvolvimento nas crianças.

A nível ambiental, a exposição a metais tóxicos pode ter efeitos devastadores nos ecossistemas, conduzindo à contaminação do solo, das águas subterrâneas e dos cursos de água. Isto pode ter um impacto na biodiversidade, na qualidade da água potável e nas actividades agrícolas.

CAPÍTULO 6

APLICAÇÕES MÉDICAS E FARMACÊUTICAS DOS METAIS

Os metais desempenham um papel crucial nos domínios médico e farmacêutico, onde a sua diversidade e versatilidade são utilizadas para desenvolver novas terapias e medicamentos inovadores. Este capítulo explora em pormenor as aplicações dos metais nestes domínios, destacando os avanços recentes e as perspectivas futuras.

Utilização de complexos metálicos em quimioterapia

Os complexos metálicos, como a cisplatina, revolucionaram o tratamento do cancro ao actuarem diretamente no ADN das células cancerosas. A cisplatina, por exemplo, forma ligações covalentes com o ADN, interrompendo a sua replicação e provocando a morte das células cancerosas por apoptose. Mais recentemente, os complexos de ruténio e de irídio surgiram como alternativas promissoras à cisplatina, oferecendo uma maior eficácia e reduzindo os efeitos secundários tóxicos.

Aplicações de catalisadores metálicos na síntese de medicamentos

Os catalisadores metálicos são essenciais na síntese de medicamentos, permitindo reacções químicas selectivas e eficientes. Por exemplo, os complexos de paládio são amplamente utilizados em reacções de acoplamento cruzado para formar ligações carbono-carbono e carbono-heteroátomo, uma etapa fundamental no fabrico de muitos medicamentos, incluindo inibidores da quinase anticancerígena e inibidores da protease para o VIH.

Conceção de fármacos bioinorgânicos destinados a processos biológicos específicos

Os fármacos bioinorgânicos exploram as propriedades dos complexos metálicos para atuar especificamente em processos biológicos relevantes. Por exemplo, os complexos de platina funcionalizados com ligandos que visam as células cancerosas aumentam a seletividade dos tratamentos anticancerígenos, enquanto os complexos de ruténio que visam as mitocôndrias das células cancerosas induzem uma apoptose selectiva. Estas abordagens permitem melhorar a eficácia dos tratamentos, minimizando os efeitos secundários indesejáveis.

CAPÍTULO 7

PROGRESSOS RECENTES E PERSPECTIVAS

FUTURAS

Este capítulo explora os recentes avanços no domínio da química bioinorgânica, destacando novas abordagens experimentais, desenvolvimentos na conceção de catalisadores e fármacos bioinorgânicos e perspectivas de investigação futura.

Novas abordagens experimentais em química bioinorgânica

Os recentes avanços na espetroscopia, cristalografia e modelação computacional revolucionaram a química bioinorgânica.

Por exemplo, a espetroscopia de ressonância magnética nuclear (RMN) de campo elevado permite agora uma análise detalhada de estruturas e dinâmicas moleculares complexas, abrindo novas perspectivas para o estudo das interacções metaloproteína-ligando.

Desenvolvimentos recentes na conceção de catalisadores e fármacos bioinorgânicos

A conceção de catalisadores e de fármacos bioinorgânicos tem sido grandemente influenciada pelos avanços na química de coordenação e na biologia estrutural. Por exemplo, o desenvolvimento de catalisadores de metais de transição para reacções de síntese orgânica selectivas e duradouras foi intensificado, permitindo o fabrico eficiente de compostos farmacêuticos complexos.

No domínio dos fármacos bioinorgânicos, foram feitos progressos significativos na conceção de complexos metálicos para o tratamento do cancro e de outras doenças. Os exemplos incluem a utilização de nanopartículas de ouro funcionalizadas para atingir seletivamente células cancerígenas e agentes teranósticos que combinam propriedades de diagnóstico e terapêuticas.

Perspectivas de investigação futura em química bioinorgânica

O futuro da química bioinorgânica é promissor, com perspectivas interessantes de novas descobertas e aplicações. As áreas emergentes de investigação incluem a bioimagem molecular, a catálise bioinspirada e a medicina personalizada. Os avanços nestes domínios exigirão uma colaboração interdisciplinar entre químicos, biólogos, físicos e engenheiros para responder aos desafios complexos da ciência e da medicina.

A química bioinorgânica é um campo fascinante que continua a informar a nossa compreensão dos sistemas biológicos e a impulsionar novas aplicações inovadoras. Neste livro, explorámos em profundidade os princípios fundamentais da química inorgânica relevantes para os sistemas biológicos, os papéis essenciais dos metais nos processos biológicos, as aplicações médicas e farmacêuticas dos metais e os avanços recentes e as perspectivas futuras neste campo excitante.

Vimos como os metais desempenham um papel crucial em muitas funções biológicas, actuando como catalisadores, reguladores e estruturas numa vasta gama de processos celulares. A sua utilização na conceção de medicamentos, catalisadores e materiais funcionais oferece soluções inovadoras para os desafios da medicina, da química e da biologia.

Em resumo, a química bioinorgânica continua a ser um domínio dinâmico e em constante evolução, oferecendo um imenso potencial para futuras descobertas e aplicações. A sua importância continua a aumentar na nossa procura de compreensão da vida a nível molecular e no desenvolvimento de tecnologias avançadas que beneficiem a sociedade. Esperamos que este livro tenha ajudado a alargar a sua apreciação deste domínio fascinante e a estimular o seu interesse pelas suas muitas possibilidades.

GLOSSÁRIO

• Química inorgânica: Ramo da química que estuda os

compostos e as reacções de outros elementos que não o

carbono.

• Biomoléculas: Moléculas presentes nos organismos vivos,

como as proteínas, os ácidos nucleicos, os lípidos e os hidratos

de carbono.

• Complexos metálicos: Moléculas que contêm um ou mais

iões metálicos ligados a ligandos, formando estruturas

estáveis.

• Ligação iónica: Um tipo de ligação química em que os

átomos transferem electrões para formar iões com carga

positiva e negativa, que depois se atraem mutuamente.

• Ligação covalente: Tipo de ligação química em que dois

átomos partilham um par de electrões.

• Ligação de coordenação: Tipo de ligação em complexos

metálicos em que um ião metálico está ligado a ligandos por

pares de electrões.

• Reação de oxidação-redução: Reação química em que os electrões são transferidos entre os reagentes.

• Metais de transição: Elementos químicos dos grupos 3 a 12 da tabela periódica, caracterizados pela sua capacidade de formar complexos estáveis com ligandos.

• Metais alcalinos e metais alcalino-terrosos: Grupos de metais alcalinos (grupo 1) e de metais alcalino-terrosos (grupo 2) na tabela periódica, respetivamente.

• Metalóides: Elementos químicos situados na fronteira entre metais e não metais na tabela periódica, partilhando certas propriedades de ambos.

• Metaloproteínas: Proteínas que contêm iões metálicos na sua estrutura e que desempenham um papel crucial em muitos processos biológicos.

• Metaloenzimas: Enzimas que contêm iões metálicos no seu sítio ativo e que catalisam reacções químicas específicas.

• Cofator: Molécula não proteica necessária para a atividade catalítica de uma enzima.

• Centro ativo: A parte de uma enzima onde ocorrem as
reacções químicas, geralmente constituída por um local de
ligação ao substrato e por resíduos essenciais para a catálise.

• Ião metálico: Um átomo de metal que perdeu ou ganhou
electrões, adquirindo assim uma carga eléctrica.

• Catálise: Aceleração de uma reação química pela presença de
uma substância, chamada catalisador, que não é consumida
durante a reação.

• Hemoglobina: Proteína presente nos glóbulos vermelhos do
sangue, responsável pelo transporte de oxigénio dos pulmões
para os tecidos do corpo.

• Ferritina: Uma proteína de armazenamento de ferro presente
nas células, que desempenha um papel crucial na regulação da
concentração intracelular de ferro.

• Anidrase carbónica: Enzima que catalisa a conversão
reversível do dióxido de carbono em bicarbonato e protões,
essencial para o transporte de dióxido de carbono no sangue.

• γ-glutamilcisteína sintetase (γ-GCS): Enzima que catalisa a primeira fase da biossíntese do glutatião, conjugando glutamato e cisteína para formar γ-glutamilcisteína.

• Reciclagem de antioxidantes: Processo pelo qual os antioxidantes regeneram outros antioxidantes, neutralizando as formas oxidadas destas moléculas.

• Nrf2 (fator nuclear eritroide 2 relacionado com o fator 2): Fator de transcrição ativado pela glutationa que induz a expressão de genes envolvidos na resposta ao stress oxidativo.

• ZIP8: Proteína de transporte de zinco 8, envolvida no transporte de zinco através da membrana plasmática.

• Metalotioneína: Proteína rica em cisteína que se liga aos metais e os transporta através das membranas celulares.

• Ferritina: Proteína de armazenamento do ferro que forma complexos com o ferro e o armazena sob a forma de ferricidade (Fe^{3+}) nas células.

• Radicais livres: Moléculas altamente reactivas que contêm um ou mais electrões não emparelhados e que podem causar danos nas células.

• Toxicidade aguda: Efeitos adversos para a saúde que ocorrem pouco depois de uma exposição única ou de curta duração a uma substância tóxica.

• Toxicidade crónica: efeitos adversos para a saúde resultantes da exposição prolongada ou repetida a uma substância tóxica.

• Apoptose: O processo programado de morte celular.

• Reação de acoplamento cruzado: Reação química em que dois fragmentos orgânicos são combinados através de uma ligação covalente formada por um catalisador metálico.

• Inibidor da protease: Medicamento que bloqueia a ação de uma protease, uma enzima necessária para a replicação viral.

• Nanopartícula: Partícula de tamanho nanométrico, frequentemente utilizada como vetor para a administração de medicamentos específicos.

• Pró-fármaco: Uma forma inativa de um medicamento que é convertida numa forma ativa no organismo.

• Resistência aos antibióticos: A capacidade das bactérias de resistir aos efeitos dos antibióticos, tornando as infecções mais

difíceis de tratar.

• Antivirais: Medicamentos utilizados para tratar infecções

virais, inibindo a replicação do vírus ou estimulando a resposta

imunitária do hospedeiro.

• Bioimagem molecular: Técnica que permite visualizar e

estudar os processos biológicos a nível molecular utilizando

sondas moleculares específicas.

• Catálise bioinspirada: Utilização de princípios biológicos

para conceber catalisadores artificiais capazes de realizar

reacções químicas com uma eficiência e seletividade

semelhantes às das enzimas biológicas.

• Medicina personalizada: Uma abordagem médica que utiliza

informações sobre o perfil genético, molecular e ambiental de

um indivíduo para personalizar tratamentos médicos e

preventivos.

REFERÊNCIAS

Berg, J. M., Tymoczko, J. L., & Stryer, L. (2002). Biochemistry (5ª ed.). W H Freeman.

Lippard, S. J., & Berg, J. M. (1994). Principles of Bioinorganic Chemistry. University Science Books.

Cotton, F. A., & Wilkinson, G. (1988). Advanced Inorganic Chemistry (5ª ed.). John Wiley & Sons.

Que, L. Jr. e Tolman, W. B. (Eds.). (2013). Catálise Bioinspirada: Complexos de metal-enxofre. Springer.

Bertini, I., Gray, H. B., Stiefel, E. I., & Valentine, J. S. (2007). Química Inorgânica Biológica: Estrutura e Reatividade. University Science Books.

Kambe, T., & Andrews, G. K. (2009). O novo processamento proteolítico do ectodomínio do transportador de zinco ZIP8 (SLC39A8) durante a deficiência de zinco é inibido por mutações da acrodermatite enteropática. Molecular and Cellular Biology, 29(1), 129-139.

Robinson, N. J., & Winge, D. R. (2010). Metalochaperones de cobre. Revisão Anual de Bioquímica, 79(1), 537-562.

Liuzzi, J. P., & Cousins, R. J. (2004). Transportadores de zinco em mamíferos. Revisão Anual de Nutrição, 24(1), 151-172.

Krezel, A., & Maret, W. (2007). Thionein/metallothionein controlam a disponibilidade de Zn(II) e a atividade das enzimas. Journal of Biological Inorganic Chemistry, 12(8), 1011-1018.

Nordberg, G. F., Fowler, B. A., & Nordberg, M. (2014). Manual sobre a Toxicologia dos Metais. Academic Press.

Clarkson, T. W., Magos, L., & Myers, G. J. (2003). A Toxicologia do Mercúrio

-Exposições actuais e manifestações clínicas. The New England Journal of Medicine, 349(18), 1731-1737.

Agência para o Registo de Substâncias Tóxicas e Doenças (2020). Toxicological Profile for Lead [Perfil toxicológico do chumbo]. Departamento de Saúde e Serviços Humanos dos

EUA.

Johnstone, T. C., Suntharalingam, K., & Lippard, S. J. (2016). A próxima geração de drogas de platina: Agentes de Pt (II) direcionados, entrega de nanopartículas e pró-drogas de Pt (IV). Chemical Reviews, 116(5), 3436-3486.

Hartwig, J. F. (2012). Evolução das reacções de formação de ligações C-C e C-X utilizando complexos de metais de transição. Ciência, 337(6095), 1625-1630.

Meggers, E. (2015). Explorando o espaço químico biologicamente relevante com complexos metálicos. Contas da Pesquisa Química, 48(3), 756-768.

Johnstone, T. C., Suntharalingam, K., & Lippard, S. J. (2016). A próxima geração de drogas de platina: Agentes de Pt (II) direcionados, entrega de nanopartículas e pró-drogas de Pt (IV). Chemical Reviews, 116(5), 3436-3486.

Hartwig, J. F. (2012). Evolução das reacções de formação de ligações C-C e C-X utilizando complexos de metais de transição. Ciência, 337(6095), 1625-1630.

Meggers, E. (2015). Explorando o espaço químico biologicamente relevante com complexos metálicos. Contas da Pesquisa Química, 48(3), 756-768.

Que, L., & Tolman, W. B. (Eds.). (2014). Química de coordenação abrangente II: da biologia à nanotecnologia. Elsevier.

Bochmann, M. (Ed.). (2018). Catalysis: Conceitos e aplicações verdes. Wiley.

Rosenberg, B., & Lippert, B. (Eds.). (2018). Metallo-Drugs: Desenvolvimento e Ação de Agentes Anticâncer. De Gruyter.

R. K. Poole, "The emergence of transition metal biology and the rise of inorganic biochemistry", Nat. Chem. Biol. vol. 4, no 5, p. 263-267, maio de 2008.

E. R. Stadtman, "Metal ion-catalyzed oxidation of proteins: Biochemical mechanism and biological consequences," Free Radic. Biol. Med, vol. 9, no 4, p. 315-325, 1990.

A. A. Qamar et al, "Therapeutic uses of N-acetylcysteine (NAC) in medicine," Open Respir. Med. J., vol. 6, pp. 124-

132, 2012.

Valentine, J. S., Bertini, I., Gray, H. B., & Stiefel, E. I. (Eds.). (2006). Biological Inorganic Chemistry: Estrutura e Reatividade. University Science Books.

Solomon, E. I., Baldwin, M. J., & Lowery, M. D. (1992). Estruturas electrónicas de sítios activos em proteínas de cobre: Contribuições para a Reatividade. Chemical Reviews, 92(3), 521-542.

Kretsinger, R. H., & Uversky, V. N. (Eds.). (2012). A base estrutural da função biológica. Springer Science & Business Media.

Holm, R. H., Kennepohl, P., & Solomon, E. I. (1996). Aspectos estruturais e funcionais dos sítios metálicos em biologia. Chemical Reviews, 96(7), 2239-2314.

Sigel, A., & Sigel, H. (Eds.). (2002). Metal Ions in Biological Systems. Marcel Dekker.

Meister, A., & Anderson, M. E. (1983). Glutathione. Annual Review of Biochemistry, 52(1), 711-760.

De Flora, S., & Grassi, C. (1996). Glutathione in pharmacology and clinical medicine. Pharmacology & Therapeutics, 67(1), 146-165.

Sadowska, A. M., & Manuel-Y-Keenoy, B. (2003). Eficácia antioxidante e anti-inflamatória da NAC no tratamento da DPOC: efeitos de dose discordantes in vitro e in vivo: A review. Pulmonary Pharmacology & Therapeutics, 16(3), 215-224.

Rushworth, G. F., Megson, I. L., & Llewellyn, D. H. (2014). Glutationa: biossíntese, regeneração e papel na sinalização redox e estresse oxidativo. Journal of Biological Chemistry, 289(13), 7114-7121.

Printed by Books on Demand GmbH, Norderstedt / Germany